AF476717

LE

CITOYEN DENTISTE,

OU

L'ART DE SECONDER LA NATURE POUR SE CONSERVER LES DENTS, ET LES ENTRETENIR PROPRES.

Ouvrage moderne, & à la portée de tout le monde.

Par M. HEBERT, Chirurgien Dentiſte, reçu au College Royal de Chirurgie de Paris, Dentiſte penſionné de la Ville.

Heureux celui qui en conſacrant ſes veilles devient utile à ſes ſemblables.

A LYON,

Chez Louis Roſſet, Libraire, grande rue Merciere;

Et chez l'Auteur, place des Terreaux, maiſon Allemand.

M. DCC. LXXVIII.

AVEC APPROBATION.

A MESSIEURS LES PRÉVOT
DES MARCHANDS,
ET ECHEVINS
DE LA VILLE DE LYON.

MESSIEURS,

COMMENT puis-je mieux reconnoître les marques de confiance dont vous avez daigné m'honorer en me chargeant du dépôt sacré d'une partie de la santé de vos Citoyens indigents, qu'en vous offrant un Ouvrage utile à toute l'humanité, fruit de mon travail & de mes observations?

Vos suffrages en feront le destin, vos noms en tête de cet Essai encourageront à le lire; l'on dira: les Peres de la Patrie, hommes judicieux & éclairés, l'ont adopté; cet Ouvrage est donc utile.

Daignez me permettre de vous le dédier, & recevez le comme un foible hommage du profond respect avec lequel j'ai l'honneur d'être,

MESSIEURS,

Votre très-humble & très-obéissant serviteur,

J. A. HEBERT,

Chirurgien Dentiste de la Ville & du Consulat.

PRÉFACE.

SI je n'avois rien à donner au Public de plus intéressant que ce qui a été écrit jusqu'à présent sur l'art de se conserver les dents, & sur les moyens de les entretenir propres; je me garderois bien de prendre la plume pour ennuyer derechef le Lecteur: mais, après un scrupuleux examen de ce que l'on a dit, j'ai cru que je pouvois dire encore, sans déplaire à ceux qui amateurs de la vérité, & desireux de conserver leurs dents, se donneront la peine de me lire; & qu'en leur prescrivant des regles sûres, en leur donnant des avis certains sur une chose à laquelle on fait si peu d'attention, quoique pourtant ſi intéreſſante pour la ſanté ; j'ai cru, dis-je, que l'on m'en ſauroit gré, puiſque la propreté eſt indiſpenſable à la conſervation des Dents.

Je ſais que beaucoup de gens diront que ce ſujet a tant été rebattu, que preſque tous les Auteurs qui ont écrit ſur les Dents ont dit à peu près la même choſe ; je réponds : Lecteurs, prenez patience : toutes les connoiſſances, toutes les ſciences, tous les arts, toutes les découvertes ne ſe ſont pas manifeſtés en même temps ; ils n'ont pas été donnés a un ſeul, chaque obſervateur à un droit aux bienfaits de la nature, & l'un perfectionne ce que l'autre n'a qu'ébauché. Une profonde étude, de longues expériences faites avec un esprit observateur, & de bonne foi, doivent être, je crois, les maîtres certains qui enseignent à développer & approfondir parfaitement ce que nos prédécesseurs ont apperçu.

La nature peut être surprise dans un heureux instant, & découvrir à l'un ce qu'un autre aussi attentif aura long-temps médité en vain; elle a ses moments à saisir, & ce ne sera qu'à force de veilles, de travaux que les arts, les sciences utiles parviendront à leur perfection *gradatim*, & qu'à force d'étude & de surprises.

C'eſt donc au Lecteur judicieux, impartial & intéreſſé qu'il appartient de juger, après avoir ſacrifié quelques inſtants de ſes loiſirs à examiner attentivement ce que l'obſervateur officieux prend la peine de mettre ſous ſes yeux pour ſon profit; enſuite par une combinaiſon équitable, jointe à une appréciation raiſonnée, diſtinguer & choiſir ce qui lui ſera le plus avantageux : ce ne ſera pas choſe difficile, ſi l'on veut obſerver le déſintéreſſement, la bonne foi, le ſtyle ſimple & ſans prétention dont je me ſers, afin d'être à la portée de tout le monde, ne cherchant qu'à être utile en donnant des leçons que mes expériences m'ont ſuggérées : trop heureux, ſi dans ce petit Ouvrage, je parviens à prouver & à perſuader la néceſſité indiſpenſable que je ſens, & que je deſire de faire ſentir, d'avoir ſoin de ſes dents : que ce ſoin bien-entendu, en prolonge la durée, les conſerve, prévient les maux auxquels elles ſont ſujettes, & coopere en grande partie à la ſanté : car la bonne digeſtion ſe fait premiérement dans la bouche, par la parfaite trituration jointe à la ſalive ; & lorſqu'il manque une quantité de dents, les aliments ſont broyés avec beaucoup plus de difficultés, ou il faut être bien plus long-temps à manger.

Je ſerai le plus bref qu'il me ſera poſſible, j'éviterai de me ſervir des termes de l'art ignorés des particuliers ; j'éviterai les répétitions, à moins qu'elles ne ſoient de la derniere importance; je tâcherai de m'exprimer ſi clairement, que j'eſpere être entendu de tout le monde. Heureux, ſi voulant prouver mon zele à mes ſemblables, je peux les convaincre que je n'ai en vue que leur utilité & leur ſoulagement dans les maladies qui affligent leurs dents! Je trouverai mon travail & mes veilles trop bien récompenſés, ſi je ſuis parvenu au but que je me ſuis propoſé dès le commencement de cet Ouvrage.

LE CITOYEN DENTISTE, OU L'ART DE SECONDER LA NATURE POUR SE CONSERVER LES DENTS, ET LES ENTRETENIR PROPRES.

Ouvrage moderne, à la portée de tout le monde.

POUR que les dents puiſſent paſſer pour belles, il faut qu'elles ſoient bien rangées, & forment un cercle exact dans les os maxillaires : qu'elles ne ſoient ni trop longues, ni trop courtes ; ni trop larges, ni trop étroites. Que les dents de la mâchoire ſupérieure excedent tant ſoit peu par le devant les dents de la mâchoire inférieure : que l'émail qui eſt une ſubſtance calcaire & de nature froide ſoit de la couleur de l'ivoire, (*a*) bien liſſe, bien poli, & ſans ſillons, taches, tubéroſités ou enfoncement; qu'elles ſoient d'égale hauteur, ſans dentelures à l'extrêmité; que les gencives ſoient de couleur de roſe vif au collet des dents, & d'un rouge plus foncé à la baſe de la membrane qui eſt une continuité de celle qui revêt les levres & l'intérieur de la bouche. Il faut qu'elles ſoient bien attachées en pointes pyramidales dans la partie qui garnit les interſtices des dents. Toutes ces qualités ſont eſſentielles (quoique bien rares) pour les rendre parfaitement belles. Mais il faut s'y prendre de bonne heure pour ſeconder la nature; c'eſt à-dire, être très-attentif à l'inſtant du commencement de la régénération qui ſe laiſſe ordinairement appercevoir dans l'enfant bien conſtitué vers ſept ans.

Les dents de lait ne ſont rien aux dents ſecondaires quant à leur conſtitution, ainſi qu'à leur conformation naturelle:

(*a*) Je dois néceſſairement faire obſerver que l'émail qui eſt d'un très-grand blanc, tirant un peu ſur l'azur, n'eſt pas le meilleur, qu'il eſt fort caſſant, plus ſujet à la carie blanche & ſeche; qu'il eſt fort rare que ceux qui ont les dents de cette qualité d'émail les conſervent bien ſaines & entieres juſqu'à trente ou trente-cinq ans; le blanc d'ivoire, quoique moins agréable, eſt bien meilleur.

les premieres peuvent être venues fort mauvaises, en raison des difficultés des premiers temps de la naissance, & les secondes fort bonnes : de même les premieres fort bonnes, & les secondes fort mauvaises : ces accidents dépendent de l'état du sujet lors des germinations, & des différentes maladies dont il peut être attaqué dans le temps du développement des différents germes.

Je ne puis en conscience être du sentiment d'un Maître de l'Art (*a*), lequel prétend qu'il est inutile d'aider la nature dans ses opérations ; que c'est tourmenter les enfants en vain ; qu'il faut la laisser agir, & ne point ôter les dents de lait avant qu'elles soient ébranlées. Mais des expériences mille & mille fois réitérées m'enhardissent à combattre ce systême comme abusif, & m'engagent à prouver démonstrativement que lorsqu'une dent semble vouloir se placer contre nature, qu'elle n'a pas toute la place nécessaire pour croître & se ranger comme il faut, on ne peut absolument s'exempter d'en ôter une & quelquefois plusieurs de lait, si elles nuisent au remplacement des secondes,

---

(*a*) M. *Bourdet*, Dentiste de LOUIS XV.

quoiqu'elles ne ſoient pas encore ébranlées. La dent de régénération trouvant par ce moyen un eſpace convenable, deviendra plus robuſte, & l'émail qui n'a pas encore acquis toute ſa conſiſtance, ne courra nul riſque d'être froiſſé, amaigri par le frottement qu'elle ſera obligée de faire dans ſes parties latérales contre les premieres dents. Cette dent revenue & bien placée, il faudra avoir la même attention pour les autres en continuant la même opération autant de fois que le même cas ſubſiſtera.

Il ne faut pas s'inquiéter, quoi que diſe l'Auteur moderne (*a*) du nouveau traité d'*Odontalgie*, qui aſſure « que l'on peut, » en tirant une dent de lait, intéreſſer la » membrane véſiculaire & le cordon den- » taire, ce qui ſeroit cauſe que le germe » de la dent ſeroit en danger d'en être » détruit. »

Il ne faut point ſe laiſſer abuſer; cet Auteur ignoroit, lorſqu'il a écrit, que le germe des dents ſecondaires n'a aucune connexité avec celui des premieres; qu'ils ſont chacun enfermés dans un alvéole particulier; que la nature, en mere prudente,

---

(*a*) Le ſieur *Auzebi*, Dentiſte à Lyon, dans ſon traité d'*Odontalgie*, chap. v. page 123.

a mis à couvert de ces accidents le cordon dentaire primordial, en le revêtant d'un canal osseux dans toute son étendue; & qu'il n'y a que des filets particuliers qui puissent & doivent nécessairement être rompus, séparés lors de l'extraction, mais non pas le cordon dentaire, ni la membrane vésiculaire. (Ces filets sortant du tronc primordial vont s'adapter & s'insérer dans chacune des racines des dents, pour leur fournir la nourriture.) Il est certain qu'il faut avoir plus que lu, pour assurer ce que j'avance; il faut s'en être persuadé maintefois sur la nature. Un Maître en l'art qui veut écrire pour instruire ne doit jamais rien aventurer: il faut & il doit avoir répété ses observations quantité de fois, avant que de les annoncer comme préceptes.

Je dis donc que l'on ne peut être trop attentif, que l'on ne peut donner trop de soin, trop veiller la régénération, ainsi que le replacement des dents: de ce soin, de cette attention dépendent la bonne constitution & la durée des secondes dents, lesquelles doivent exister, si elles sont bonnes, pendant toute la vie; car tout dans l'individu a ses loix données, & si quelques-unes des parties s'en écartent, ce n'est point impunément, & sans tendre à son détriment.

Ordinairement dans un ſujet, ſelon l'ordre naturel, la régénération doit commencer vers l'âge de ſept ans, & finir entre quatorze & dix-huit, à l'exception cependant des quatre dents que l'on nomme de *Sageſſe*, leſquelles ſont plus tardives.

Il ne faut pas attendre la fin de la régénération des dents pour accoutumer les enfants à en avoir ſoin; il eſt néceſſaire de le leur inculquer de bonne heure. Peres & meres! c'eſt vous que ce ſoin regarde; vos enfants dans l'âge de raiſon vous en auront obligation. Faites leur rincer la bouche tous les matins, immédiatement après leur lever, avec de l'eau ſimple, dégourdie en hiver, & telle qu'elle ſe trouvera en été, après avoir paſſé la nuit dans la chambre; ce petit ſoin les accoutumera de bonne heure à d'autres plus compliqués.

Il eſt vrai qu'il a tant été preſcrit de ces petits ſoins, pour l'entretien & la propreté des dents, que le Public a lieu d'être rebuté de leur variété; l'on a tant vanté, & il ſe débite tant de ſpécifiques, de la poudre pour tous les jours; d'autres dont il ne faut ſe ſervir qu'une fois la ſemaine: il s'en compoſe de tant de ſortes, toutes plus merveilleuſes les unes que les autres, ſuivant le dire de leurs auteurs, ſoit en poudre, en opiat, ou en liqueur, que je ne ſuis nullement ſurpris que quantité de perſonnes indéciſes ſur le choix, ne ſe ſoient rebutées, & n'aient abandonné à la nature le ſoin de leurs dents: quelquefois elle les a bien ſervis, d'autres fois (& c'eſt le plus ſouvent) elle en fait des victimes.

Je dois, & je deſire pour le bien de l'humanité, de convaincre par des raiſons ſolides, toutes fondées ſur des expériences réitérées, & une étude ſuivie, qu'il eſt abſolument néceſſaire d'avoir ſoin de ſes dents; car ce ſont elles qui préparent à l'eſtomac les aliments, & qui operent la premiere digeſtion; qu'elles ſervent auſſi à la prononciation, au chant & à l'agrément du viſage; en un mot, que ſans elles, la ſalive eſt difficilement retenue dans la bouche: ſans dénombrer encore les autres difformités que leur perte occaſione au viſage.

Pour commencer à inculquer le premier ſoin des dents aux enfants, il ne faut qu'être exact à leur faire rincer la bouche tous les matins en ſe levant. (Cette habitude doit être contractée pour toute la vie) ainſi que je l'ai enſeigné ailleurs, avec de l'eau ſimple, un peu dégourdie en hiver, & telle qu'elle sera, en été, après avoir passé la nuit dans la chambre ; ne leur rien laisser entreprendre le matin sans avoir satisfait à ce devoir, ne leur pas même donner de nourriture, qu'ils n'aient nettoyé leur bouche ; en faire un devoir essentiel aux domestiques qui les approchent ; & encore pour plus grande sûreté, le faire faire, autant qu'il sera possible, devant soi, jusqu'à ce que l'enfant y soit accoutumé. Voilà le soin pour l'enfant depuis l'âge de six ans jusqu'à neuf : il n'y aura que les premiers mois de pénibles, l'enfant une fois accoutumé à cet exercice le continuera par habitude comme tous les autres.

Lorsque la régénération commencera, faites entendre à l'enfant qu'il entre dans une classe d'hommes plus raisonnables, piquez le d'honneur, autant que sa raison le comportera, & lui apprenez que la nature lui donne de secondes dents plus fortes, plus robustes que les premieres, mais que c'est pour la vie, & que leur bonté, leur durée dépendent beaucoup de l'attention que l'on prendra à les aider à venir en bon ordre & bien rangées : qu'il est nécessaire qu'il se prête aux soins que l'on jugera à propos pour cet effet. Enseignez lui alors qu'après s'être rincé la bouche à l'ordinaire, il faut passer le doigt indicateur sur toutes les dents, de haut en bas à la mâchoire supérieure, & de bas en haut à l'inférieure; faites lui concevoir qu'outre que cette opération les aidera à venir bien droites, elle procurera encore maints bons effets; que ce soin coopérera à polir l'émail encore délicat & tendre, & lui donnera un éclat plus vif; qu'il sera plus lisse, plus égal & plus uni; que plus elles auront toutes ces qualités, moins le tartre, ainsi que les vapeurs de l'estomac, pourront s'attacher dessus; que par ce moyen les gencives se gorgeront moins, & se détacheront plus difficilement du collet des dents, ainsi que des interstices.

L'enfant ainsi tenu en haleine sera tout préparé à des soins plus essentiels encore, auxquels il sera obligé à mesure qu'il avancera en âge, lorsque les secrétions tant de la salive que de l'estomac, apporteront un limon plus visqueux, plus chargé de molécules terreuses qui s'attacheront sur les dents.

Jusqu'à présent, Lecteur, les soins que je vous ai indiqués n'ont été ni difficiles, ni longs, ni dispendieux: néanmoins l'enfant en a reçu des avantages qu'il n'a pas encore été à portée de concevoir.

Supposons le maintenant parvenu à l'âge de quatorze ans avec ces seuls petits soins, (j'entends toujours l'enfant bien constitué) : car il y en a dont les dents sont chargées de tartre dès l'âge de sept ans, quelquefois avant : celui-là demande des soins plus compliqués & la main de l'Artiste. Comme cet enfant commence à user d'aliments plus solides, & de plus difficile digestion ; comme il va être plus à lui-même, & que les yeux de ses parents ne seront plus si souvent fixés sur lui, par la raison des exercices, lesquels ne se font pas toujours dans la maison paternelle ; c'est alors qu'on ne sauroit trop répéter à l'enfant d'avoir soin de ses dents : il sera même à propos de ne s'en pas fier tout-à-fait à lui ; car l'âge sera arrivé, où les soins étrangers vont être requis, s'ils ne l'ont déja été. Quelles précautions, quel discernement ne faut-il pas alors que vous ayiez, peres & meres ! dans le choix que vous allez faire du Dentiste entre les mains de qui vous mettrez votre enfant ; songez qu'il faut que ce soit un honnête homme, expérimenté dans son art & non avide de gain, enfin honnête dans toute l'acception du terme. Car à quatorze ans, si l'enfant n'a encore eu aucuns besoins qui aient exigé la main de l'Artiste (ce qui arrive rarement.) Il va être nécessaire d'égaliser les grandes incisives qui sont presque toujours trop longues & souvent dentelées, ce qui est une difformité très-nuisible à leur durée, ainsi qu'à leur bonté. Quelquefois, suivant la structure, la conformation des os maxillaires, ces dentelures occasionent la destruction des incisives inférieures par le frottement réitéré de l'extrêmité des incisives supérieures sur le corps émaillé.

Le soin que je vais maintenant prescrire pour l'enfant, sera désormais celui qu'il devra observer toute sa vie : il est donc indispensable que ce soit une personne de bonne foi, & de l'art qui l'indique.

Afin de concourir, autant qu'il me sera possible, au bien-être de l'humanité, je vais enseigner ce qui est le plus utile à pratiquer.

La bouche d'un enfant, de même que celle d'une grande personne, exactement visitée, les dents parfaitement nettoyées, & mises en bon état par un habile Artiste, lequel n'aura rien négligé, il faudra observer le régime suivant.

Premiérement, avoir très-grand soin de se gratter la langue tous les matins, immédiatement après être levé; c'est un point essentiel pour la santé à tout âge & en tout temps. A cet effet il faut se servir d'une cuiller à café fort mince, ou d'un morceau de baleine approprié à cet usage, ou encore d'un morceau de petit ressort de montre, mince, bien liant & point tranchant. On prendra l'un & l'autre de ces petits instruments par les extrêmités, en les rapprochant l'un de l'autre, de façon qu'ils forment un demi-cercle à-peu-près de la largeur de la langue : l'on porte celui de ces instruments que l'on a adopté vers la racine de la langue, on le ramene trois ou quatre fois jusqu'à l'extrêmité, ayant soin chaque fois de secouer cette espece de gratte-langue, afin de faire tomber le limon qu'il aura ramassé : cette opération faite, il faut se laver la bouche avec de l'eau, afin d'entraîner le limon détaché.

Cet ouvrage d'un moment fini, l'on prendra un cure-dent de plume médiocrement fort ; d'abord on se servira de l'extrêmité ronde pour détacher adroitement le limon muqueux qui se sera formé la nuit sur le corps des dents ; on le détachera du tour des gencives, le plus près possible du collet de la dent, sans les offenser, ayant soin d'essuyer le cure-dent après chaque dent nettoyée.

Cette opération faite, tant en dehors qu'en dedans, en haut ainsi qu'en bas, on retournera le cure-dent, & l'on se servira de l'autre extrêmité pointue pour ôter des interstices des dents le limon, ou le reste des aliments qui pourroit s'être introduit entr'elles. Il faudra avoir grand soin de ménager les sommités des gencives, lesquelles doivent être déliées, pointues, & bien attachées aux dents. Il faudra être très-attentif à ne pas laisser séjourner entre elles aucun aliment de la veille ou de plus long-temps; car en se corrompant ils amollissent l'émail, & le détruisent en le cariant.

Toute cette opération ne doit pas occuper plus de deux minutes; ensuite l'on passera une racine préparée bien douce & bien humectée sur toutes les dents, de haut en bas, & de bas en haut, chacune l'une après l'autre; ou bien une petite éponge fine, bien nettoyée, laquelle sera de même bien humectée; cela fini, on se rincera la bouche avec de l'eau telle que je l'ai dit ci-dessus, dans laquelle on aura mis une cuiller à café d'une des liqueurs dont on trouvera la composition ci-après, suivant la nécessiité.

Il faut bien se dissuader qu'il soit nécessaire que les racines & les éponges pour être bien préparées ſoient rouges ; j'avoue que cette couleur n'y eſt pas nuiſible ; mais je veux que l'on ſoit inſtruit qu'elle y eſt inutile, & que les racines ainſi que les éponges, pourvu qu'elles ſoient bien douces & bien nettes, ſont toutes auſſi parfaites, même meilleures ; cette couleur rouge n'étant miſe que pour en impoſer aux yeux, par-là les mieux faire valoir & tirer plus d'argent.

Je crois avoir rempli la tâche que je m'étois propoſée, eu égard aux principaux ſoins journaliers, indiſpenſables ; cependant on eſt quelquefois obligé de les varier ſuivant les différentes circonſtances : par exemple, il eſt des ſujets qui font beaucoup plus de tartre les uns que les autres : ceux qui dorment la bouche ouverte, ſoit par habitude, ou par néceſſité, ſont de ce nombre, ainſi que lorſqu'on eſt enrhumé du cerveau, ou encore lorſqu'on a un peu les os du nez ſerrés & applatis, ce qui empêche de reſpirer aiſément ; ceux de qui la ſalive eſt plus chargée de molécules terreuſes, leſquelles par leur lourdeur & leur viſcoſité dépoſent plus abondamment un ſédiment groſſier à la baſe des dents près des gencives, qui s'étend enſuite ſur toute la ſurface du corps de la dent, tant en dehors qu'en dedans ;

dedans ; ceux-là, dis-je, font beaucoup plus de tartre ; or, il faut donc des soins plus compliqués & plus analogues aux fortes, ainsi qu'à la quantité de tartre qui se forme dans le sujet ; car il est de bien plus d'une espece de tartre, il y en a de plus nuisibles & de plus dangereux les uns que les autres : alors il faut avoir recours à quelques dentifrices indiqués par l'artiste en qui on aura mis sa confiance ; il a certainement intérêt de ne rien enseigner qui ne soit convenable à la conservation des dents.

Je recommande sur-tout, que l'on se donne de garde, autant que du poison, de ces spécifiques composés au hasard, débités par les Charlatans, les empiriques, par les parfumeurs, ainsi que par une quantité de gens qui n'ont d'autre intérêt que de vendre, sans se mettre en peine des désordres que causent leurs drogues.

Pour éviter que l'on ne tombe dorénavant dans leur piege, je donnerai à la fin de cet ouvrage quelques recettes faciles & sûres que je conseille de faire soi-même, & sur lesquelles j'espere que la critique ne pourra trouver à redire, les ayant beaucoup éprouvées avant de les rendre publiques ; on choisira celle qui conviendra le mieux, ainsi que la liqueur dont je donnerai la composition. Si l'on en fait un usage suivi & raisonnable, l'on préservera à coup sûr ses dents du tartre, de la mal-propreté, ainsi que de quantité de maladies qu'ils occasionent, lesquelles toutes en général concourent à leur perte.

Lecteur, ne croyez pourtant pas que je vais vous indiquer la panacée universelle. Non, l'homme raisonnable n'en reconnoît pas, & lorsque les dents auront puisé leurs principes dans des sources viciées, que la germination se sera malheureusement manifestée dans des temps de maladies graves, il sera presque impossible que les dents ne s'en ressentent, puisqu'elles sont organisées, & font une partie essentielle de l'individu, d'où nécessairement il résulte qu'elles participent du tempérament, ainsi que de la qualité des sucs nutritifs qui les font subsister.

Posons donc pour principe certain, qu'il y a autant de différentes maladies aux dents qu'il y a de différents tempéraments, & de différentes humeurs prédominantes qui toutes influent absolument sur la qualité des dents, ainsi que sur leur durée. J'invite donc ceux qui aiment la santé à rejeter tous ces remedes de bonnes femmes, indiqués au hazard, que l'on donne cependant comme d'assurés antidotes contre une maladie comme pour une autre.

Il est certain que les maladies ont des caracteres déterminés : mais tous sont différents dans leur principe : delà, il faut conclure qu'il n'y a point de remedes généraux, & sans exception : comme il y a différents tempéraments, il y a aussi différentes qualités de tartre; il en est qui ne forme qu'une vapeur noire ou verte sur les dents, sans jamais acquérir d'épaisseur, d'autre qui est blanc tirant un peu sur le jaune fort épais quelquefois, & qui acquiert de la consistance; c'est le plus ordinaire : d'autre encore qui est brun tirant sur le noir, assez épais & qui acquiert aussi à la longue de la dureté, il devient fort puant.

Tous ces tartres se forment par couches, ils sont muqueux dans leur principe & fort aisés à enlever, si l'on s'en occupe le matin après son lever; mais si on le laisse séjourner quelque temps, il se seche par le contact de l'air que l'on respire, joint à la chaleur de l'estomac. Il s'adapte fortement sur les dents, y acquiert du corps, de l'épaisseur par calcul, de même que la pierre dans la vessie; ils s'insinue petit à petit sous la gencive, s'y prolonge, la détache des dents, pénetre dans l'alvéole entre le périoste (que souvent il détruit) & la racine : par le laps de temps, il parvient jusqu'à son extrêmité inférieure, où il intercepte le nerf nourricier, qui est infiniment petit & délicat : la dent privée de nourriture s'ébranle : le tartre augmentant toujours ; le périoste, s'il n'est détruit, s'enflamme; alors il s'établit une suppuration imperceptible dans son commencement, ensuite assez abondante, de couleur verdâtre, laquelle flue par l'extrêmité de la gencive délabrée (*a*). La dent ébranlée sort peu à peu de l'alvéole, & enfin tombe victime de la mal-propreté, presque toujours saine & entiere, mais chargée de tartre infect. Tous ces accidents ne sont pas à la vérité l'ouvrage d'un moment, mais ils sont certainement la marche ordinaire du tartre sur les dents négligées, ou tout-à-fait abandonnées : ce n'est pas encore tous les inconvénients à craindre de la mal-propreté, ainsi que du tartre sur les dents ; la carie est un de leurs plus dangereux enne-

(*a*) C'est de cette sanie, de ce pus dont l'Auteur moderne du Traité d'Odontalgie a fait de son plein gré un nouveau genre de scorbut, *Voyez* la page 149 de son petit Ouvrage.

mis; car suivant les différents caracteres & les différentes humeurs plus ou moins corrosives dont est formé le tartre & qui l'entretiennent, il procure des caries plus ou moins dangereuses pour la perte des dents, en plus ou moins de temps.

Je sais que toutes les caries ne proviennent pas seulement du tartre : non assurément. Je sais qu'il y a maintes causes internes qui en produisent, desquelles il est fort difficile de se garantir, même d'empêcher leurs progrès rapides par la quantité d'agents qui en sont les sources. Mais comme ce petit ouvrage n'est proprement destiné qu'à enseigner & recommander les soins de la bouche, & la propreté des dents, ce ne sera donc que le tartre que je combattrai ici, & je dirai que quand on a négligé ses dents jusqu'au point que le tartre s'y est accumulé, que les gencives sont devenues en mauvais état, le seul remede est la main de l'Artiste honnête & expérimenté, & que, quelque répugnance que l'on ait de l'application de l'instrument (quoique toujours très-mal fondée, lorsqu'il est en bonne main) je dis qu'il est absolument impossible de s'en exempter, & qu'il ne sera jamais nuisible aux dents. Il faut bien plutôt être en garde contre tous les spécifiques annoncés avec emphase, pour blanchir les dents & pour faire tomber le tartre par défaillance sans le secours de l'instrument : car il est certain que l'on ne peut changer la couleur naturelle de l'émail des dents sans l'altérer, & que s'il n'entroit dans ces compositions des corrosifs violents, des acides de la premiere classe, ils n'agiroient pas ainsi que l'on le promet. Or, les acides, les corrosifs décomposent l'émail des dents & amollissent les os, les criblent; s'ils blanchissent les dents, ce n'est que pour quelques instants, ils les corrodent, & les ruinent sans ressource ; c'est un mal sans remede.

Il faut donc surmonter ce vieux préjugé enfanté dans des temps d'ignorance, l'abandonner comme faux & sans vraisemblance, & si absolument vous ne voulez pas avoir recours aux instruments (chose presque impossible), soyez donc tous les jours d'une attention scrupuleuse à enlever le tartre qui se sera formé pendant la nuit ; encore vous en préserverez vous difficilement, car outre les causes externes qui le produisent lesquelles sont en grand nombre, il y en aura une infinité d'internes à combattre que vous ne pourrez prévoir.

Faire visiter sa bouche, est donc une nécessité indispensable, au moins une fois par année, pour les personnes bien constituées; l'œil pénétrant de l'habile Artiste contribuera à les préserver de quantité d'accidents fâcheux; & l'instrument entre ses mains sera le sauveur de bien des dents, lesquelles périroient entre celles d'un mal habile ou d'un Charlatan. Ces sortes de gens dont il n'est que trop, sur-tout dans les grandes villes, sont les fléaux de l'humanité.

Votre science, ami lecteur, est de ne pas vous laisser prévenir; d'être très-attentif sur le choix que vous ferez de votre Dentiste, votre confiance bien méritée, il sera de votre intérêt de ne plus changer. Ami, Médecin, Chirurgien, ces êtres ne se doivent abandonner qu'à la mort.

Il faut encore être à l'égard des dents, comme en tous les temps de la vie où il s'agit de la santé, un peu son médecin soi-même; c'est-à-dire, que lorsqu'on aura adopté & reconnu quelque dentifrice convenable, il ne faut pas être inconstant & le changer mal-à-propos; il faut seulement être attentif à le faire composer exactement; ensuite examiner si ce n'est point trop, ou trop peu de s'en servir une fois la semaine, pour en régler l'usage plutôt sur la nécessité, que sur l'imprimé du Dentiste.

Lorsque l'on aura choisi, il faudra avoir un petit jonc bien préparé, bien effilé par les bouts (*a*), & bien fin que l'on mettra tremper pendant le temps que l'on se servira du cure-dent, dans l'eau que l'on aura préparée pour se laver la bouche; l'on mettra, dis-je, un bout de ce jonc dans la poudre ou dans l'opiat que l'on aura choisi, & l'on se nettoiera toutes les dents l'une après l'autre, à la mâchoire supérieure, l'on frottera de haut en bas, & à l'inférieure de bas en haut, jamais en travers, parce que cela les déchausse & abat les pointes des gencives qui sont très-délicates. Cette opération exactement faite, il faudra se bien rincer la bouche par-tout, pour enlever l'opiat ou la poudre dont on se sera servi, ainsi que le tartre qui aura été détaché des dents: l'on prendra ensuite un petit morceau

(*a*) Ces petits morceaux de jonc, sont improprement nommés racines; je les préfere étant bien doux aux racines de guimauve, de luzerne, & de réglisse. Ils se vendent chez les épiciers en gros, ou chez les faiseurs de chaises ou fauteuils, ils viennent de Hollande.

d'éponge fine, bien nette & bien lavée, que l'on imbibera dans le reste du verre d'eau avec lequel on se sera rincé la bouche, & l'on passera cette éponge sur toutes les dents, ainsi que sur les gencives toujours dans le même sens de haut en bas, & de bas en haut; il faudra appuyer cette éponge un peu ferme sur les gencives afin de rendre leur forme plus agréable; comme aussi afin d'en faire sortir le superflu du sang dont elles pourroient être gorgées, & par ce moyen les aider à se bien adapter aux collets des dents: derechef on se rincera la bouche, & l'opération sera terminée.

Voudra-t-on s'assurer si les dents sont bien nettes? il faudra passer le doigt indicateur, ou un autre sur toutes les dents les unes après les autres; en prêtant un peu d'attention, on sentira une espece de craquement entre le doigt & la dent, ce qui sera un signe certain qu'il n'y a aucuns corps étrangers restés sur les dents.

Lorsque l'on sera sûr du temps & de la quantité de fois qu'il sera nécessaire de se servir du dentifrice d'élection, il faudra les autres jours se servir du gratte-langue, du cure-dent, & du petit jonc préparé, ainsi que de l'eau ordinaire & de l'éponge.

Il est absolument nécessaire de passer le cure-dent entre toutes les dents, après les repas pour enlever les aliments qui pourroient s'y être introduits, ensuite se rincer la bouche & passer le doigt tant en haut qu'en bas : il sera même très-bon de se servir de la derniere gorgée de vin après le repas pour fortifier les gencives ; on la laissera à cet effet quelques secondes les baigner, & si l'on craint l'odeur du vin, l'on pourra ensuite passer de l'eau dans la bouche afin d'en ôter le goût.

Voilà ce me semble les soins ordinaires & extraordinaires que l'on doit avoir de sa bouche, suffisamment enseignés & recommandés. Mais toutes les dents en général se maintiendront-elles avec ces seuls soins ? si les gencives se gorgent, se détachent des dents ; par maladies ; si le tartre s'insinue malgré les soins recommandés entre les gencives & les racines ; si les dents se carient en quelques-unes de leurs parties, par la raison qu'elles peuvent être trop serrées, même se chevaucher de telle sorte qu'il soit impossible d'introduire entre deux le plus fin, le plus délié cure-dent : par la raison encore que malgré les soins journaliers, il peut s'insinuer dans les interstices de quelques-unes des aliments qui échappent à la recherche, quelque exacte qu'elle soit, ces aliments se corrompent par leur séjour, amollissent l'endroit de l'émail sur lequel ils reposent, le corrompent lui-même & procurent une carie plus ou moins dangereuse, suivant le caractere des sucs nourriciers qui partagent la putréfaction, même l'avancent ou la retardent suivant la disposition où ils se trouvent.

Il faut répondre à toutes ces objections l'une après l'autre, & je répete que c'est dans tous ces cas que l'œil & la main de l'Artiste sont de la derniere nécessité, parce que si les gencives se gorgent & que l'on ait soi-même tenté de les scarifier, soit avec un cure-dent bien pointu & un peu ferme que l'on aura tant soit peu insinué à différentes reprises entre les dents, soit avec quelques instruments tranchants avec précaution, qu'ensuite l'on ait exprimé avec le doigt indicateur ces mêmes gencives pour faire sortir par les scarifications longitudinales le sang engorgé en appuyant un peu ferme de haut en bas, & de bas en haut; qu'ensuite l'on se gargarise avec de l'eau dégourdie, dans laquelle on aura mis une petite cuillerée à café d'eau d'arquebusade, dans quatre cuillerées à bouche d'eau ordinaire, avec cinq à six gouttes d'esprit ardent de cochlearia, ou d'esprit de moutarde; si, dis-je, ces soins ne réussissent pas, c'est une preuve certaine que le vice vient de causes externes, ou que la présence de quelques corps étrangers empêche que vos soins ne soient fructueux, & que les fibrilles ulcérées ne se cicatrisent & ne se rattachent au collet de chaque dent; c'est alors que l'on se doit appercevoir que ces accidents sont au dessus de son savoir, & qu'il faut absolument recourir à l'Artiste, lequel après un scrupuleux examen, la sonde à la main, découvrira si l'engorgement est occasioné par vice interne ou externe : si la cause est externe, il s'empressera de la faire cesser, en enlevant le plus légérement possible, tout le tartre qui se sera insinué sous la gencive autour du collet de la dent, & ne cessera de le faire que lorsqu'il sera certain de n'y en plus avoir laissé; ensuite indiquant les soins que j'ai décrits plus haut, l'on ne tardera pas à s'appercevoir de l'entiere & parfaite guérison.

Si au contraire le vice provient de causes internes, qu'il soit occasioné par quelques affections scorbutiques, par une quantité d'humeurs accumulées; par quelques maladies graves, telles que rhume de cerveau, catarre, fievre violente, humeurs rhumatismales ou goutteuses, maladies vénériennes, &c. c'est alors que l'Artiste expérimenté, vraiment Chirurgien, après un examen réfléchi, portera un pronostic fondé, & de concert avec un habile Médecin, travaillera tant intérieurement qu'extérieurement à détruire les causes tant internes qu'externes.

Avec une profonde application, les secours d'habiles gens, des observations raisonnées, l'on acquiert de l'expérience, & l'on parvient avec de la bonne foi à être utile à l'humanité.

DE LA

GERMINATION DES DENTS,

DE LEUR DÉVELOPPEMENT, LEUR ACCROISSEMENT, DE LEUR SORTIE ET DE LEUR CHÛTE.

Lesquels n'ont été approfondis & traités que très-imparfaitement jusqu'à présent. Ouvrage instructif & très-intéressant à tout le monde.

DE LA

GERMINATION DES DENTS,

DE LEUR DÉVELOPPEMENT, LEUR ACCROISSEMENT, DE LEUR SORTIE ET DE LEUR CHÛTE.

Des Dents de Lait, ou premieres Dents.

POUR rendre ce petit Ouvrage plus utile à l'humanité, & remplir plus exactement la tâche que je me suis proposée en le commençant, je me vois obligé de retourner sur mes pas, afin de donner des instructions & des regles plus sûres & plus invariables aux peres & meres; comme aussi afin de jeter plus de clarté sur la germination des dents, ainsi que sur leur sortie, sur leur développement, leur accroissement, & leur chûte; sujets qui jusqu'à présent n'ont été que très-imparfaitement traités (*a*).

(*a*) Je prie le Lecteur d'observer que ce n'est ici que quelques extraits tirés d'un corps de doctrine complet que je me propose de publier incessamment, autant pour

Les dents ont leur principe, ainsi que tout ce qui entre dans la composition du corps dans la matiere premiere. Elles ont leur substance primordiale, leur germe, ainsi que les autres os, les nerfs, les veines, les arteres, les muscles & les tendons. Rien n'est créé après coup, leurs germes se développent dans l'accroissement de l'individu : tout ce qui entre en leur composition est organisé, & l'on commence à distinguer les formes & à pouvoir palper leur consistance entre deux mois & demi & trois mois de conception : plus l'enfant prend d'accroissement, plus il est facile d'appercevoir leur développement, & le méchanisme de leur structure, enfin l'origine de leur nourriture.

(a) L'émail des dents est ce qui prend

---

l'instruction de ceux qui se destineront à cette branche essentielle de la Chirurgie; qu'également utile à tout le monde.

(a) « Ce n'étoit pas le sentiment du célebre Médecin » Herissant, lequel prétendoit au contraire que la substance interne se formoit la premiere; que l'émail étoit » une liqueur renfermée dans de petites vésicules en » forme de gouttelettes, claire dans les premiers temps, » mais qui à mesure que l'accroissement de la dent s'avance, devient laiteuse & s'épaissit. Que c'est cette » liqueur qui est destinée à recouvrir la dent, laquelle » l'enduit & s'endurcit, ce qui forme l'émail qui la doit » défendre. *Voyez* les Mémoires de l'Académie Royale » des Sciences année 1754, p. 59, &c. . . » J'ai eu l'honneur de lui communiquer mes recherches & mes découvertes, je lui ai envoyé plusieurs de mes préparations forme le premier, dans l'ouvrage de la germination; peu à peu la ſubſtance interne ſe développe dans la matiere gélatineuſe où elle eſt innée, & cette matiere eſt la même qui ſervira à la formation de la ſubſtance des racines, ainſi qu'à celle de l'intérieur de la dent; elle peut ſe comparer aux lames oſſeuſes qui recouvrent les os, c'eſt-à-dire, qu'elle a la même couleur & le même degré de dureté.

Lorſque le fœtus n'a encore que trois ou quatre mois de conception, la matiere premiere de la formation des dents eſt gélatineuſe, claire, tranſparente, enfermée dans une membrane fort déliée, fort fine, à travers la texture de laquelle, à l'aide d'un bon microſcope, il eſt poſſible d'appercevoir une quantité de ramifications infiniment petites, leſquelles ſervent à porter la nourriture & l'accroiſſement à l'embryon dentaire.

Sur la ſurface de cette matiere gélatineuſe à travers cette membrane, on peut aiſément diſtinguer les extrêmités ſupérieures du corps quelconque de la dent

anatomiques; ainſi qu'au célebre Académicien Bonnet de Geneve, leſquels tous deux m'ont fait la grace de me repondre à ma ſatisfaction, & m'ont paru convaincus.

qu'elles doivent former. Ces formes surnagent (*a*), & sont d'une couleur plus opaque, plus laiteuse, & plus dure que le reste de la matiere gélatineuse.

Une de ces petites formes enlevée avec dextérité de la membrane, étant posée sur un morceau de taffetas noir un peu tendu, mise à l'air, se durcit promptement, & prend une consistance qui permet de la toucher avec les doigts, & d'en reconnoître aisément la structure : l'on peut facilement faire cette expérience sur un fœtus de trois mois de conception, & beaucoup mieux encore sur des fœtus plus avancés.

On peut donc regarder comme loi certaine, invariable, qu'un enfant bien constitué, venu à terme, a déja tous les germes des vingt dents de lait, formés, & contenus dans une membrane, laquelle servira un jour de périoste aux racines de

---

(*a*) La matiere qui entre dans la composition de ces formes, qui est l'émail pur & simple, m'a paru être de nature froide & vitrifiée ; après un examen scrupuleux, & une quantité de décompositions faites par différents procédés, je l'ai jugé tenir de la sélénite, ou de la terre calcaire animale ; puisqu'étant décomposée & lavée à grande eau, elle se réduit en une poudre blanche absorbante, compacte, assez lourde, sans saveur, ni odeur, capable de s'incorporer avec les sucs, les huiles, les esprits & les gommes.

chaque dent ainsi qu'à l'intérieur des alvéoles ; de même que l'émail tient la place & sert de périoste au corps de la dent, dont il fait partie.

Il est encore nécessaire de savoir que la mâchoire inférieure est composée dans le fœtus de deux os, & que ces os sont seulement formés de deux lames entre lesquelles régnent des cavités où sont placés les vingt germes des dents de lait, chacun séparément, enveloppé dans une membrane continue, laquelle a pourtant des cloisons membraneuses qui sont étayées sur l'apparence d'une petite lame osseuse qui commence à préparer la séparation d'un alvéole à un autre, qui, avec le temps que l'enfant avancera en âge, se formeront, & se durciront pour enfermer chaque corps de dent, en même temps prendront la configuration des racines en se moulant sur celles-ci, à mesure qu'elles croîtront, & enfin prendront leurs formes, leurs grandeurs, &c. (*a*).

L'enfant bien constitué, ayant acquis six ou sept mois, le corps des dents de

---

(*a*) *Nota.* Qu'à cet âge on ne trouve point encore de substance diploïque développée dans l'intérieur du corps des mâchoires, quoique le principe diploïque y soit inné.

lait ſe trouvant trop à l'étroit, & les racines de ces dents voulant commencer à ſe former, elles ſoulevent le corps de la dent, & occaſionent une preſſion douloureuſe à cette membrane, dans laquelle la dent a été conçue, & dans laquelle elle s'eſt développée, où elle a pris de la groſſeur & de la conſiſtance, ainſi que toutes les autres parties de l'individu chacune en ſa place. Voilà l'inſtant de la premiere douleur, comme celui de la démangaiſon aux gencives, que l'on nomme prurit; delà le ptyaliſme, ou la ſalivation; delà l'inflammation aux gencives, aux joues; delà les pleurs, les cris de l'enfant, &c.

Examinons maintenant avec attention, & tâchons de découvrir la cauſe premiere de ces douleurs. Sont-elles occaſionées par inflammation aux gencives? ou eſt-ce parce que la dent cherchant une iſſue pour ſortir, écarte trop violemment ou avec trop d'activité ces mêmes gencives?

Juſqu'à préſent cette vieille erreur a ſubſiſté par l'ignorance, & le peu d'attention que l'on avoit pris d'approfondir ce travail de la nature de ſi grande conſéquence, lequel importe tant à la conſervation des enfants.

Développons ce mystere resté jusqu'à présent dans la plus profonde nuit ; & apprenons à l'univers intéressé le véritable agent des douleurs de l'enfant, lors de la sortie des dents de lait, ou dents premieres.

Il faut donc concevoir que l'enfant ne souffre que parce que les deux lames des os maxillaires, ouvertes en leurs principes, en croissant se sont recourbées de dehors en dedans par leurs extrêmités supérieures, se sont jointes & soudées ensemble pour ne plus former qu'un os continu, qui par ce moyen a enfermé la membrane qui contient la dent ; que cette membrane étant d'un sentiment exquis par sa constitution, & se trouvant comprimée entre deux os, qui sont l'os de la mâchoire & la dent accrue, cette membrane exquise s'irrite, s'enflamme, & communique sa sensibilité & son inflammation à toutes les parties qui entrent avec elle dans la construction de la mâchoire & des dents ; delà l'irritabilité dans toutes ces parties, & les douleurs plus ou moins aiguës, plus ou moins tempérées ou insupportables, suivant la force, le tempérament de l'enfant comme aussi suivant la qualité, la nature, & la quantité des humeurs prédominantes dans le temps de la sortie des dents ; & encore suivant l'épaisseur, la dureté de la surface de l'arcade maxillaire, qui en augmente ou diminue la violence & la durée.

Pour tempérer les douleurs de l'enfant dans tous ces cas, doit-on continuer ainsi qu'on l'a pratiqué le plus souvent jusqu'à présent, à faire des incisions cruciales, ou longitudinales sur la surface des gencives aux endroits où les dents sembloient vouloir percer? Non, assurément ; ces opérations étoient & seront toujours infructueuses, fausses & inutiles : avec un peu de réflexion l'on pourra se convaincre que je n'avance rien trop légérement, & sans une connoissance certaine ; l'on sera assuré de leur inconséquence, lorsque l'on examinera que c'est l'os qu'il faut ouvrir, grossir & élargir ; que c'est la membrane mal à l'aise qu'il faut empêcher d'être comprimée, froissée, meurtrie ; que c'est le périoste qu'il faut ouvrir & dilater pour donner jour à la dent naissante : enfin que ce sont toutes les parties qui cooperent à l'organisation de la dent qui sont souffrantes à cause de ce périoste pressé, à qui il faut rendre le ton ordinaire. Or, l'on feroit mille & mille opérations cruciales aux gencives, l'on se serviroit de tous les toniques, de tous les émollients possibles connus, chacun selon que l'on sera conseillé, que tous ces remedes seront infructueux à l'ouverture de l'arcade maxillaire; qu'il n'y a que la patience, le temps joint au régime que je vais indiquer, qui pourra soulager l'enfant.

Pour parvenir donc à calmer un peu les douleurs de l'enfant en pareil cas, il sera absolument nécessaire de lui faire tenir un régime doux, humectant, & rafraîchissant, avoir un très-grand soin de lui tenir le ventre libre, soit par de petits lavements, composés d'herbes émollientes, telles que les feuilles de mauve d'althéa, auxquelles on ajoutera, lorsqu'elles seront bien cuites & passées, une petite cuillerée d'huile d'amandes douces; ou bien par de petites purgations répétées de temps en temps, faites avec le syrop de chicorée, composé de rhubarbe, & de syrop violat, à la dose d'une cuillerée à bouche le matin en plusieurs fois; observant, si le lait de la nourrice n'étoit pas suffisant (ce qui est bien mieux, & plus suivant l'ordre naturel) de ne lui donner que des aliments de facile digestion. Il faudra aussi purger la nourrice, & la tenir à un régime médiocrement rafraîchissant : sur-tout ne point charger l'estomac de l'enfant, le laisser plutôt desirer, que trop le rassasier.

On observera encore de tenir la tête un peu haute à l'enfant, lorsqu'il sera couché, & de le lever lorsqu'il sera dans quelques grandes crises de douleurs ; lui passer sur les gencives à plusieurs reprises le doigt indicateur trempé dans le syrop violat, en frottant doucement, mais un peu long-temps.

Que si les douleurs semblent surpasser les forces de l'enfant, il faudra en venir à une petite saignée ; & même donner une petite secousse à l'estomac pour le vuider du superflu des humeurs dont il peut être surchargé : les efforts qu'il fera, loin de nuire, aideront la nature & procureront de très-bons effets.

Si l'enfant est tourmenté assez violemment jusqu'à avoir perdu le sommeil ; il faudra, de l'avis d'un homme de l'Art, lui faire prendre une petite cuillerée de potion rafraîchissante, & tant soit peu somnifere.

Prenant à temps toutes ces précautions, l'enfant sera assurément sans danger, & l'on gagnera du temps, pendant lequel la nature qui travaille toujours à l'agrandissement

du

du tour, viendra enfin à bout de perforer, d'user par frottement & amincissement la portion de l'os de la mâchoire qui s'opposoit à la sortie de la dent.

Cet obstacle vaincu ne sera pourtant pas le dernier, car le corps de la dent ayant fait son passage dans l'os à sa voûte supérieure, elle aura encore la membrane qui recouvre l'arcade alvéolaire que l'on nomme processus de la gencive, à ouvrir. Mais, peres & meres, ne soyez pas inquiets; cet obstacle qui jusqu'à présent a tant effrayé, & que l'on a regardé comme le siege de la douleur, & l'écueil des enfants, est très-peu de conséquence: jadis l'on ne connoissoit pas plus à fond la germination des dents que le méchanisme de leur sortie, ils n'avoient jamais ni l'une ni l'autre assez occupé personne, pour que l'on ait pris la patience de les développer à fond, j'ose même dire aussi certainement que je l'ai fait: trop heureux, si mes veilles, mes travaux peuvent être utiles à l'humanité, & que je puisse contribuer au soulagement des enfants! Enfin si mes recherches peuvent empêcher la perte de beaucoup qui succombent sous le faix de la douleur, & des accidents funestes qui accompagnent ce temps critique,

La texture des gencives étant de nature à n'occasioner aucuns accidents funestes, la dent telle qu'elle soit par sa dureté, par sa configuration, & la structure de ses éminences aiguës ; la gencive par sa tension occasionée par la présence de la dent cédera bientôt à l'effort primitif ; le tissu de la gencive étant formé d'un nombre infini de fibrilles entrelacées sans ordre fixe (je ne peux mieux le comparer qu'à l'étoffe du chapeau), il est presque insensible, ou ne peut tout au plus causer que la continuation du prurit & du ptyalisme ; l'obstacle essentiel est donc le périoste.

Pour remédier aux douleurs des gencives & aider la section, ou plutôt procurer l'écartement des fibres de leur tissu, ne donnez à l'enfant aucun corps dur, lisse, & inaltérable ; tel qu'on l'a pratiqué jusqu'à présent, comme les hochets de crystal, de corail, d'ivoire, ou d'os. Il faut encore plus se donner de garde d'exposer l'enfant à des accidents cruels, en suivant l'indication de l'auteur du nouveau Traité d'Odontalgie, lequel propose des hochets raboteux, afin de déchirer les gencives & encore pis que cela, un élixir de sa composition, qui, (à ce qu'il assure à la page 105,) a la vertu de disposer si singuliérement les fibres à se casser, que les dents sortent sans effort & sans occasioner presque aucune douleur.

Je ne m'érigerai point en censeur sur la possibilité ou l'impossibilité des promesses de cet auteur; je serois suspect. Je laisserai aux personnes de bon sens à réfléchir & à apprécier l'utilité du hochet raboteux, de même que la vertu de l'élixir, dont je n'ai jamais été tenté de faire l'épreuve.

Les racines de guimauve, les bâtons de réglisse, qui ont aussi eu leur vogue, n'ont pas à la vérité les inconvénients du hochet raboteux; mais elles ont celui d'empâter la bouche, d'altérer l'enfant, & de le dégoûter.

Après avoir exposé les inconvénients de tous ces instruments, il faut que j'indique quelque chose dont la certitude & l'utilité ne puisse être réprouvée sans mauvaise humeur, je vais m'acquitter de ce devoir de mon mieux. Les expériences réitérées que j'en ai faites, vont me le faire donner avec confiance.

Peres & meres, parents intéressés à la conservation des enfants, instituteurs honnêtes & de bonne foi, qui ne cherchez que le bien-être de ceux dont la tendre jeunesse vous est confiée ; vous tous enfin que l'humanité anime à travailler au bonheur de vos semblables ! je vais vous enseigner une chose utile, simple, peu coûteuse, & sans danger, mais bien sûre, bien certaine.

Il faut faire faire chez un pâtissier, ou chez un confiseur, avec de la plus fine fleur de farine, du sucre, & des œufs, de petits bâtons ronds, longs de cinq pouces environ, gros à peu près comme sont les hochets ordinaires de crystal; l'on fera faire à l'ouvrier un petit trou à l'un des bouts, & l'on aura soin qu'il fasse bien cuire ces petits bâtons sans les faire brûler, car l'amertume du pain brûlé rebuteroit l'enfant. Il faut qu'ils soient d'un jaune doré bien sec; l'on passe un ruban dans le petit trou, & on le met au cou de l'enfant comme on faisoit le hochet.

L'enfant portant ce hochet à la bouche, & le serrant dans l'endroit des gencives où il ressent de la démangeaison & de la douleur, ce pain par sa dureté naturelle n'étant pas encore humecté par la salive comprimera assez la gencive contre la dent pour écarter le tissu membraneux & donner passage à la dent. La salive humectant ensuite ce bâton de pain, & l'enfant continuant à le serrer & le mâcher sur les gencives, ou sur quelques autres dents déja venues, il en avalera sans danger les particules qui s'en détacheront, & loin de s'en dégoûter il en continuera l'usage avec plaisir, succès, & utilité. Ce pain n'ayant pas le froid du crystal ne surprendra pas l'enfant, & il s'en servira plus volontiers.

Doses pour la composition des hochets de pain.

Sur une livre de la plus fine fleur de farine, une once de très-beau sucre pilé bien fin, & deux œufs frais, jaune & blanc; le tout bien pêtri ensemble & mis au four à une chaleur médiocre; plutôt les y remettre deux fois, pour éviter qu'ils ne se fendent & ne deviennent raboteux, & qu'ils soient aussi cuits dedans que dehors, & d'un jaune doré.

Je ne suis pas assez téméraire, pour croire que je ne laisse plus rien à découvrir, & qu'avec ma recette on pourra vaincre tous les obstacles, & sauver la vie à tous les enfants. Non: assurément, Lecteur, je n'ai pas cette ostentation; je connois trop combien sont grands & multipliés les accidents, les maladies qui accompagnent la germination des dents de lait. Je sais encore combien l'on doit peu compter sur la vie des enfants jusqu'au temps où leur tempérament soit formé : mais je dis aussi que si l'on étudioit les autres maladies qui assiegent l'enfance, avec une attention aussi suivie que j'ai approfondi le sujet que je traite, je suis persuadé que l'on en sauveroit les deux tiers plus que par le passé.

Il me reste maintenant à démontrer l'ordre que tiennent les dents de lait, & leurs différentes mutations pendant leur développement, leur sortie des os maxillaires, enfin leur véritable état lorsqu'elles percent les gencives.

C'est ordinairement vers les sept mois après la naissance dans l'enfant bien constitué, que l'une des dents incisives du milieu de la mâchoire inférieure, commence à écarter le tissu de la membrane qui revêt l'arcade maxillaire pour se faire jour ; soit à droite ou à gauche, il n'y a aucune regle certaine. Quelques jours après sa parallele se fait jour de la même maniere, & se place immédiatement à côté d'elle.

Quelque temps ensuite, les deux grandes incisives de la mâchoire supérieure se montrent à peu près dans le même ordre, & puis les deux autres incisives inférieures se placent chacune à côté des premieres venues : celles que nous nommons petites incisives, prennent le même arrangement à la mâchoire supérieure immédiatement auprès des deux grandes, aussi une de chaque côté : ces huit dents doivent être sorties dans l'espace de soixante à quatre-vingts jours.

La nature après ce travail semble se reposer quelque temps, pour laisser reprendre à l'enfant de nouvelles forces ; mais quoique l'on n'apperçoive pas son ouvrage, elle n'est pas oisive pour cela ; les autres germes croissent, & acquierent continuellement de la force, de la consistance, & se préparent à se faire passage ; c'est ce que l'on apperçoit vers les douze mois, temps où les quatre dents canines se montrent pour l'ordinaire, l'une après l'autre, deux à chaque mâchoire, une de chaque côté, laquelle se place après la petite incisive. Comme ces dents ont le corps beaucoup plus gros, & l'extrêmité supérieure beaucoup plus obtuse que les autres, qu'il faut un écart beaucoup plus considérable tant à l'os qu'à la gencive, ces dents sont pour l'ordinaire les plus difficiles, & les plus douloureuses à germer, ainsi qu'à sortir, sur-tout lorsqu'elles percent toutes les quatre à la fois, ce qui n'est pas bien ordinaire; ces sortes de dents ne paroissent souvent qu'après la sortie des petites molaires, lesquelles sont aussi au nombre de quatre, deux à chaque mâchoire, une de chaque côté, laquelle doit avoir sa place immédiatement après la canine.

L'enfant bien constitué doit donc à dix-huit ou vingt mois avoir seize dents, huit à chaque mâchoire: savoir, quatre incisives, deux canines, & deux petites molaires. Entre vingt-deux mois à deux ans, il en paroît encore deux autres à chaque mâchoire, une de chaque côté, laquelle se place auprès des autres: on les nomme moyennes molaires; elles ne different de leurs devancieres qu'en grosseur. Pendant que ces quatre dents se montrent, les gencives qui suivent deviennent grosses, s'élevent, & se préparent à accoucher chacune d'une premiere grosse molaire de chaque côté, laquelle est fort long-temps à paroître, ayant le double de grosseur des autres, parce qu'elle est plus robuste, & qu'elle a des racines bien plus considérables; ces dents ne régénerent pas, elles ne viennent qu'une fois en la vie, ainsi que celles qui les suivent, & si par hasard quelquefois il en arrive autrement (comme je l'ai vu), c'est un phénomene auquel il ne se faut pas fier pour sacrifier ces sortes de dents sans de fortes raisons & de grands besoins. On pourra s'assurer de la vérité que j'avance, en consultant les préparations naturelles de tous les âges que j'ai faites, & qui forment la nombreuse collection de mon cabinet, laquelle contient une suite exacte de la germination, depuis l'infiniment petit, jusqu'à la caducité.

Ces premieres grosses dents ne paroissent dans leur état naturel qu'à trois ans : la nature se repose encore, pour n'en plus laisser sortir d'autres avant onze à douze ans, ayant donné alors à chaque individu à peu près vingt-huit dents, dont vingt doivent tomber & être remplacées. Voici la marche certaine qu'elle tient dans la premiere germination : examinons maintenant, & apprenons celle qu'elle tient pour la régénération des vingt dents qui doivent tomber.

DE LA

RÉGÉNÉRATION DES DENTS

OU

DE LA SECONDE GERMINATION.

Les Dents de lait commencent à tomber à l'enfant vers sept ans, lorsqu'il est bien constitué ; la nature annonce la régénération qu'elle a préparée depuis la naissance de l'enfant, à six ans ou à six ans & demi.

Les sentiments des différents Auteurs qui ont écrit sur ce sujet, sont si partagés sur l'existence des racines des dents de lait, ainsi que sur ce qu'elles deviennent pendant leur ébranlement & lors de leur chûte, que je crois que c'est ici qu'il faut démontrer avec certitude & assurance ce que j'ai appris d'un travail de plus de trente années où j'ai suivi la nature pas-à-pas dans toutes ses opérations, depuis ses développements jusqu'à sa perfection, & même en ses variations (à la vérité peu communes ;) je crois, dis-je, l'avoir assez épîce, pour être certain de sa marche, à ne s'y pas méprendre, & j'espere rendre un service essentiel à l'humanité, en lui faisant part de mes observations que je n'ai entreprises que pour son utilité : par-là j'espere abréger aux gens de l'Art qui liront cet ouvrage attentivement beaucoup de travaux, & empêcher quantité de personnes d'être les victimes de l'impéritie du Charlatan, même de beaucoup de Dentistes qui n'exercent cet Art que par une routine condamnable, ignorant les véritables principes, & n'ayant jamais réfléchi à tous les chagrins que leur peu de savoir cause souvent à ceux qui aveuglément se mettent entre leurs mains.

Mettons, après ce préambule, sous les yeux du Lecteur la science de la nature ; présentons lui l'ouvrage de la régénération des dents, telle qu'elle s'opere journellement, ouvrage aussi beau qu'utile, & dont le méchanisme n'a pas encore été développé certainement ; montrons les moyens dont elle se sert pour détruire les racines & chasser les dents de lait pour faire place aux secondaires.

Lorsque le corps des dents de lait a commencé à sortir des alvéoles & des gencives chacun en son temps, après le septieme mois de naissance révolu ; les racines de ces dents se forment à leur tour, prennent de la consistance & de la longueur convenable, ensuite restent en repos jusqu'à ce que l'enfant ait six ans ou environ.

Pendant ce temps la nature, en mere prévoyante, instruite que les premieres dents ne sont ni assez grosses, ni assez robustes pour subsister toute la vie & remplir les fonctions auxquelles elles seront destinées, cette bonne mere a travaillé à faire germer des secondaires, & voici sa marche.

La dent de lait ayant acquis tout son accroissement, tant du corps que des racines, lesquelles remplissent alors exactement l'alvéole auquel il ne reste qu'un petit orifice dans son fond pour donner passage à un rameau très-petit qui sert de gaîne à un nerf, à une veine & à une artere d'une finesse imperceptible, qui sont destinées à donner la nourriture à la dent de lait pendant le temps de son existence ; il est nécessaire d'observer encore que l'enfant ayant acquis quelques années, la substance diploïque s'est aussi développée & a rempli l'intérieur des deux lames osseuses des mâchoires, ainsi que les intervalles des alvéoles.

C'est dans une des cellules de la

ſubſtance diploïque que la matiere gélatineuſe primordiale, après avoir complété la formation de la dent premiere, dépoſe la continuation du ſuc dentaire pour former les ſecondes; & pour agir avec plus d'utilité, elle choiſit la cellule correſpondante à chaque dent, dans l'intérieure de chaque mâchoire pour former la dent de remplacement. Alors cette cellule devient alvéole, il croît, ſe forme, s'unit intérieurement, ſe polit avec la dent qui en croiſſant lui ſert de noyau, laquelle ſe trouve par la ſuite auſſi intimement enfermée que l'a été la premiere. Après cet expoſé il eſt aiſé de prouver que la dent ſecondaire n'a aucune connexité avec la dent de lait, quoiqu'elles aient été formées de la même ſubſtance primordiale & de la même matiere. J'offre de prouver ce que j'avance ſur la nature même.

Il eſt donc aiſé de concevoir que les premieres dents peuvent être fort bonnes, & les ſecondes fort mauvaiſes; de même les ſecondes fort bonnes & les premieres fort mauvaiſes, en raiſon du temps plus ou moins orageux, plus ou moins ſerain qu'aura eſſuyé l'enfant pendant l'une ou l'autre germination; car les fievres, le pourpre, la rougeole, la petite vérole,

& maintes autres maladies auxquelles sont sujets les enfants pendant la germination, affecteront plus ou moins de leur qualité morbifique le germe des dents suivant leur malignité.

Ce germe tendre & délicat étant enfermé dans une membrane organisée, ainsi que le reste de l'individu, participe en proportion gardée au bien-être, comme aux maladies qui portent sur la masse des humeurs: ce sera par cette connoissance que le véritable Chirurgien-Dentiste expérimenté & savant, portera un pronostic certain des premieres années de l'enfant à l'inspection seule des premieres ou secondes dents.

L'enfant ayant atteint l'âge de six ans & demi ou sept ans, le corps des dents secondaires se trouvant alors trop à l'étroit, cherche à se faire passage ainsi qu'ont fait les dents de lait; elles y travaillent à-peu-près de la même maniere, mais moins douloureusement, parce que tout dans l'individu a acquis de la force & de l'accroissement considérable, & que l'enfant étant plus fort, est plus occupé, plus distrait; qu'il broie presque continuellement des aliments qui ont plus de consistance; & que tous ces mouvements réunis ensemble si souvent répétés, aident la nature à se développer, & font moins appercevoir à l'enfant les efforts qu'elle fait pour mettre dehors les dents secondaires, néanmoins elles ont un travail bien plus laborieux & bien plus long à faire que les premieres, & beaucoup plus d'obstacles à vaincre.

En premier lieu, leur développement est à-peu-près pareil aux dents de lait; secondement, la membrane qui enveloppe le corps de la dent, & qui est toujours un perioste, est comprimée de même; troisiémement, l'alvéole qui a été son berceau & qui devient sa prison ne pouvant plus la contenir, doit nécessairement lui livrer passage, à force de pression & de frottement qu'elle fait continuellement vers sa voûte pour l'amincir & s'en débarrasser.

Ce n'est pas tout encore, car les dents de lait ont absolument des racines: nouvel obstacle; & quoique l'Auteur du nouveau traité d'*Odontalgie* assure très-certainement le contraire dans son chapitre IV, page 114, où il dit, en réfutant des Artistes qui ont bien dit: « Il est évident » que leurs systêmes portent à faux; qu'il « ne sauroit y en avoir; car un fait incon» testable, est que les dents de lait n'ont » *jamais* de racines; quel que soit leur

» degré d'accroissement ; & si jusqu'à » présent on a cru le contraire, c'est par » méprise & par inattention. » Je répete après ces artistes & bien d'autres dignes de foi, j'offre à le prouver qu'elles en ont d'assez longues, & d'assez fortes, suivant leurs proportions. Or, que deviennent ces racines ? C'est sans doute, parce qu'il n'a pu découvrir la cause de leur destruction, que cet auteur a cru devoir trancher la question & a assuré. Il ne prévoyoit pas sans doute que personne chercheroit à approfondir après lui ; il s'est trompé ; il y avoit déja long-temps que je fouillois, feuilletois, & étudiois la nature pour me convaincre, afin de ne rien avancer au hasard, avant que cet auteur eût pensé a écrire : il a apperçu avec tout le monde, que lorsque les dents de lait tombent seules, sans autre aide que la nature, elles n'ont pas de racines, il s'est fortement persuadé qu'elles n'en devoient point avoir, il l'a écrit de bonne foi.

J'ai dit, & je répete, que les vingt dents de lait qui doivent tomber ont des racines analogues & proportionnées aux corps des dents dont elles émanent : que ces racines croissent à mesure que le corps de la dent fort de l'alvéole, & qu'elles continuent à croître, jusqu'à ce que ce corps soit tout-à-fait dehors de la gencive jusqu'à son collet : qu'alors elles restent en repos jusqu'au temps où les secondaires, après avoir rompu leurs barrieres, sont parvenues à les toucher par leurs extrêmités inférieures .... redoublez d'attention, je vous prie.

Les dents de lait, pendant le temps de leurs accroissements, ainsi que pendant tout le temps de leur existence, n'ont subsisté qu'avec le secours & par le moyen des nerfs nourriciers qui leur ont porté à chacune la nourriture journaliere.

Aussi-tôt que la dent secondaire touche la pointe de la racine de la dent de lait, elle intercepte le filet nourricier, elle le rompt, le détache de la dent : de cet instant la dent de lait devient à l'individu, corps étranger, elle change de couleur, devient bleuâtre ; les vaisseaux nourriciers qui sont enfermés dans les conduits des racines intérieurement tombent en mortification, chacunes des racines s'amollissent, se crispent sur elles-mêmes, & par ce moyen concourent à leur destruction ; au contraire, la dent de régénération acquérant toujours de la force, de la vigueur par les sucs nourriciers, qui ont abandonné les premieres dents pour se joindre à ceux qui s'infiltrent à la secondaire, elle semble redoubler de vîtesse pour anéantir ce qui s'oppose à son passage.

Lecteur, commencez-vous à appercevoir avec moi la belle manœuvre dont la nature se sert pour vous être d'une plus grande utilité; elle affoiblit la premiere dent, & donne de la force à la seconde pour chasser la premiere.

Concevez à présent de quels agents elle se sert pour anéantir les racines de la premiere; car il est incontestable que lorsqu'une dent secondaire a bien enfilé la pointe, ou l'extrêmité de la racine de la premiere dent, cette dent tombée sans autre secours, se trouve à sa sortie sans racine quelconque, mais bien avec une cavité qui est formée jusques dans le corps de la dent tombée bien au dessus du collet par l'extrêmité de la dent secondaire. De quel moyen la nature s'est-elle donc servie pour la destruction de cette racine qui a si réellement existé?... Réfléchissons attentivement sur ce mystere.

Je vous ai déja appris que, le suc osseux intercepté, la dent en son tout devient corps étranger; or, la nature a toujours réprouvé les corps étrangers, elle les chasse, & ne reprend ses fonctions naturelles qu'après leur expulsion totale : toutes parties isolées & sans nourriture tombent en putréfaction ; la putréfaction est le commencement de la destruction, de l'anéantissement. Concluons que la racine de la dent plus tendre naturellement par sa substance, que le corps émaillé de la dent, étant la premiere exposée au frottement d'un corps vigoureux qui augmente en force & en quantité tous les jours, & qui se veut faire place, sa dureté & son augmentation travaillent sans cesse à la destruction de cet autre corps frêle abandonné, devenu tendre par le défaut de nourriture, lequel cede aisément au frottement continuel, à la pression de celui qui le veut chasser, & tombe en deliquium, en boue, laquelle petit à petit se transude à travers l'alvéole & les bords de la gencive pour être entraînée par la salive.

Dès cet instant *la dent* fait mal ses fonctions, ou si elle les fait, c'est encore à son détriment, & tous les efforts qu'elle fait participent & avancent sa perte ; à mesure que la dent secondaire acquiert de la force & de l'accroissement la dent premiere perd de la ſienne, devient de plus en plus chancellante, & cede aux efforts réitérés, enfin tombe ſans racine. Voilà, je crois, ce qui juſqu'à ce jour n'avoit été ni bien compris, ni bien développé, & qui pourtant eſt une vérité qui a toujours exiſté: appuyons cette vérité ſurpriſe à la nature.

Les dents de lait arrachées avant qu'elles ſoient ébranlées par les ſecondaires, ſoit pour faciliter la ſortie, ou le bel arrangement d'une dent de régénération, laquelle à ſon renouvellement doit avoir le double de volume de celle qu'elle vient remplacer; ſoit pour cauſe de carie douloureuſe, ou par quelqu'autre accident; a une ou pluſieurs racines ſuivant la place qu'elle occupoit. Pourquoi? parce qu'elle a été arrachée avant ſon terme, & contre nature; encore que la dent arrachée ne ſoit pas la dent pour laquelle on a fait de la place, mais bien celle d'un des côtés: ou bien que la dent ſecondaire n'ayant pas enfilé complétement la pointe de la racine qu'elle devoit détruire, elle ait gliſſé le long de cette même racine, par conſéquent qu'elle ſoit venue hors de rang, ſoit en dehors ſoit en dedans, ce qui cauſe une difformité conſidérable à l'arrangement des dents, ce qui a été cause de leur extraction avant terme. D'où vient trouve-t-on souvent des dents de lait à qui la dent secondaire la plus proche a fait une insertion tout le long de la racine avec un des angles latéraux jusqu'à découvrir le canal du nerf nourricier ? C'est toujours par la raison du trop peu d'espace pour se placer. (J'en conserve plusieurs dans mon cabinet.)

Il me semble avoir assez développé l'existence réelle des racines des dents de lait, ainsi que les causes de leur destruction, & ce que devient la matiere qui les composoit : s'il est encore des incrédules qui ne soient pas persuadés par ce que je viens de démontrer : je les appelle à la nature, & à mon cabinet, lequel contient les pieces de conviction. Si l'éloignement des lieux les empêche de venir se convaincre par eux-mêmes, qu'ils m'honorent de leurs objections, ou qu'ils envoient des gens de l'Art pour les persuader après avoir vu. Je ferai de mon mieux pour les satisfaire, en leur prouvant le plus clairement qu'il me sera possible ce que j'avance en cet ouvrage.

Ce n'est point ici la place de faire l'examen des sentiments des auteurs qui ont écrit avant moi sur les dents. Je dirai seulement que ce qu'ils ont dit, m'a beaucoup abrégé d'ouvrage, & que plusieurs m'ont enseigné le chemin que je devois tenir, lequel, sans leurs écrits, m'auroit tenu bien plus de temps à chercher, & que quoiqu'il y ait plusieurs systêmes que je n'adopte pas & que je n'approuve nullement, je ne puis cependant taire que je leur ai obligation; ce qui me fait répéter avec assurance, que l'un perfectionne les découvertes de l'autre. Les dents secondaires viennent à-peu-près dans le même ordre des premieres, c'est toujours la dent incisive de la mâchoire inférieure qui tombe & régenere la premiere immédiatement à la symphyse du menton. Les autres suivent à-peu-près : de sorte qu'entre quatorze & quinze ans la régénération doit être complétement achevée, suivant le cours ordinaire de la nature; j'entends que l'adulte doit avoir vingt-huit dents faites, lesquelles ne régénerent plus; il reste cependant encore quatre dents à venir au fond de la bouche, deux à chaque mâchoire, que l'on nomme dents tardives, ou dents de sagesse : ces dents ne se montrent guere avant vingt ans, très-souvent plus tard, quelquefois très-tard, car j'en ai vu percer à plus de cinquante ans.

Plus j'ai questionné la nature, afin de m'instruire du retardement ordinaire de ces dents, mieux j'ai conçu sa raison. Elle m'a appris que pour que le germe de ces dents se développe, il faut d'abord que les os maxillaires aient tout leur accroissement; qu'alors le germe de ces dents qui est dans l'intérieur des mâchoires s'y développe, y croît à la longue.

Je n'apprendrai à aucun anatomiste, non plus qu'à ceux qui ont vu les os des mâchoires secs, combien ces os sont durs, épais près de la base de l'apophyse coronoïde, ainsi que celui de la mâchoire supérieure à l'endroit où s'articulent les deux mâchoires. Ce qui forme des obstacles à vaincre encore beaucoup plus considérables qu'aux autres dents, outre le principal qui est l'accroissement des os. J'ai trouvé dans plusieurs sujets de ces dents qui n'ayant jamais pu percer, étoient restées couchées dans la substance diploïque, où elles s'étoient formé des alvéoles dans lesquels elles ont toujours resté.

Il est encore un cas assez rare, mais qui arrive pourtant quelquefois à l'égard des dents de lait, qui ne tombent pas en leur temps ; j'en ai vu ſubſiſter à des perſonnes de trente ans ; j'entends une ou deux ſeulement inciſives ou canines. Elles ſont fort reconnoiſſables pour l'artiſte, tant par leur ſtructure, qu'à leur couleur : mais comme la dent de régénération ne laiſſe pas que d'exiſter dans ſon alvéole ſous la premiere, je ſens qu'il eſt abſolument néceſſaire d'expliquer la cauſe de ſon retardement, ainſi que celle qui empêche même quelquefois pour toujours ſa ſortie.

J'ai dit plus haut que la dent de régénération eſt preſque toujours du double plus groſſe, plus large que la premiere : s'il eſt ſorti deux dents de régénération aux côtés d'une dent de lait ; que ces deux dents ſecondaires aient eu le temps de prendre leur accroiſſement, & de s'affermir dans la place qu'elles ont priſe, avant que l'extrêmité du corps de la dent ſecondaire ait pu atteindre & toucher le nerf de la dent de lait pour l'ébranler, & détruire ſa racine ; ſi les dents ſecondaires ont bien étayé la dent de lait, elle ſubſiſtera long-temps, quoiqu'elle prenne beaucoup moins de nourriture, & bien plus difficilement. Mais l'obſtacle le plus invincible pour la dent ſecondaire

ſera

fera le défaut de place, parce qu'elle grossit toujours, & que la place devient toujours plus petite; les deux dents régénérées acquérant jusqu'à leur perfection de la force, de la consistance & de la fermeté, par conséquent redoublent l'impuissance de ce corps pour se faire faire place, lequel est forcé de rester avorté toute la vie, à moins que l'on ne sacrifie à temps une des deux dents qui s'opposent à son passage.

Voici les dentitions assez développées, ce me semble, pour donner à tout le monde l'idée la plus claire, la plus nette, & la plus distincte sur tout ce qui y a rapport, & mettre ceux à qui est confié le soin des premiers temps de la jeunesse, dans le cas de connoître si ceux en qui ils mettent leur confiance pour diriger les dents des enfants ont la capacité requise, s'ils sont artistes habiles & expérimentés.

Je vais maintenant dire quelque chose sur les causes de la difformité & du mauvais arrangement des dents, ainsi que sur les accidents & les inconvénients occasionés par la négligence & le mauvais soin que l'on a des dents des enfants, sur-tout pendant la seconde dentition; ce qui fera la conclusion de cet ouvrage.

Il n'y a point de dents naturellement difformes ; les accidents qui leur surviennent sont des causes surnaturelles de leurs mauvaises configurations, & ces mauvaises conformations ne viennent que des obstacles qu'elles rencontrent, soit pendant leur développement, soit pendant leur accroissement, ou à leur sortie.

Quels peuvent donc être ces obstacles ? & d'où proviennent-ils ? Premiérement, des maladies de l'enfant pendant le temps de la germination : secondement, du trop peu d'espace qu'elles trouvent à leur sortie pour se placer, & de la négligence des parents à ne pas faire ôter assez tôt les dents de lait, avant que les secondaires les aient trop ébranlées, ou que trouvant un obstacle insurmontable par la trop grande dureté des racines des dents de lait, elles n'aient glissé le long de la racine de la dent premiere : ce qui les force de sortir en dehors, ou en dedans, ce qui est contre nature, souvent & presque toujours contourne la racine de la dent de régénération, & même change quelquefois la configuration du corps en l'amaigrissant.

Si c'est par défaut de place, au lieu

de se présenter ainsi que l'indique la nature ordinairement, elles présentent une des parties latérales, ou chevauchent sur celles qui sont à côté, ce qui les met toutes trois extraordinairement à l'étroit, & les empêche de profiter. Ce mauvais arrangement donne occasion encore aux aliments les plus liquides à se nicher entre les interstices des dents près du collet, d'où il est très-difficile de les ôter, souvent même ne les y apperçoit-on pas; alors ces corps étrangers se corrompent, amollissent l'émail à l'endroit où ils reposent & occasionent une carie d'abord imperceptible, qui par la suite fait beaucoup de progrès avant que l'on s'en soit apperçu. Les quatre incisives supérieures sont les plus sujettes à ces accidents.

Les dents viennent difformes par les maladies qui attaquent l'enfant pendant leur développement & leur accroissement: tant que les corps des dents sont enfermés dans leurs alvéoles sans ressentir le contact de l'air, elles sont dans un état de souplesse qui les rend susceptibles des impressions étrangeres, avantageuses ou nuisibles.

Si l'enfant est attaqué de maladies aiguës, la malignité du levain porte son venin également sur le corps des dents encore tendres, & chaque endroit où il se dépose, l'émail de la dent est corrodé, rongé, affoibli par son contact, plus ou moins profondément, suivant le séjour, la quantité, & la viscosité du venin. C'est cette maladie des dents qu'avant moi l'on a nommée érosion sans l'avoir jamais bien définie, non plus que son origine, ses causes, & ses différents degrés: ces dents sorties de l'alvéole présentent un aspect désagréable, un émail grêle & mal configuré, de différentes couleurs, roux, noirâtre dans les enfoncements, & blanc aux endroits qui n'ont pas été touchés par le venin du contact.

Les dents d'une mâchoire ne sont jamais toutes frappées d'érosion, par la raison qu'elles ne se développent pas toutes à la fois, qu'elles ne sont jamais toutes aussi avancées l'une que l'autre dans leur accroissement; que les engorgements ne sont pas généraux, & encore que les germes occupent des endroits bien différents dans l'intérieur de la substance diploïque: par ce moyen l'une peut être frappée par la maladie pendant que l'autre sera préservée, & une autre encore plus frappée suivant la quantité du venin & son activité : c'est ce qui se prouve tous les jours à l'aspect de la bouche des enfants rachitiques, à qui l'on trouve souvent, deux, quatre, ou huit dents érosées à différents endroits, & le reste épargné & en assez bon état.

Cette maladie aux dents est inévitable, mais il est quelquefois possible d'y remédier quand la dent a pris assez d'accroissement (j'entends la dent secondaire) pour pouvoir distinguer la qualité & les progrès de l'érosion : mais il faut un Dentiste consommé dans la connoissance des dents, ainsi que dans la nature & la conformation de l'émail.

Je traiterai plus à fond cette fâcheuse maladie dans l'ouvrage que je promets, où j'enseignerai à ceux qui voudront apprendre de bonne foi & à fond l'art du Dentiste, la manière de remédier à cette défectuosité.

Les dents affectées d'érosion, sont très-désagréables à la vue, elles sont aussi sujettes à l'agacement, de même qu'à être sensibles au contact de l'air chaud ou froid; elles ne peuvent souffrir sans douleur les acides, les sucreries : rarement durent-elles long-temps, sans éprouver des caries profondes ; étant fort tendres de leur nature, elles sont fort sujettes au tartre jaune & épais.

Je finis par l'analyse des accidents causés par le mauvais arrangement des dents, & je dis qu'une dent trop serrée, ou hors de place, soit en dehors ou en dedans présente sans contredit une de ses faces latérales, cette face doit absolument avoir un angle qui excede le niveau des autres, & qui par conséquent frotte davantage la dent de rencontre à l'endroit où elle la touche contre nature, soit à l'une ou à l'autre mâchoire.

Personne n'ignore qu'un frottement continuel, si petit qu'il soit, ne tende à la destruction du corps sur lequel se fait le frottement; il est aisé de conclure que l'endroit de l'émail le plus frotté s'use davantage, cause une difformité à la dent & la rend sensible dès que la substance interne qui est beaucoup plus tendre & beaucoup plus poreuse que l'émail, se trouve à découvert, ce qui est un mal sans rémede, à moins qu'on n'applique à propos le secours de la lime pour enlever tout ce qui excede l'assiette de la dent & qui causoit le frottement contre nature, & ensuite le cautere actuel réitéré plusieurs fois par gradation depuis le médiocrement chaud, jusqu'au feu rouge, afin de souder les pores & dessécher le superflu de la nourriture qui se porte à l'émail par transsudation.

On auroit donc évité cet accident, si on eût sagement aidé la régénération, en ôtant les dents de lait dans le temps qu'elles se sont opposées au remplacement des dents secondaires ; il est même quelquefois à propos de sacrifier une petite molaire régénérée pour faire assez de place aux autres dents, afin qu'elles aient l'espace convenable pour se ranger en bel ordre.

Il y a encore maints autres accidents qui arrivent de la négligence & de l'inattention que l'on porte à la régénération des dents ; si j'entrois dans tous les détails, je passerois les bornes que je me suis prescrites en ce petit ouvrage ; ceux qui desireront approfondir cette matiere, pourront consulter l'ouvrage que je donnerai incessamment, ils y trouveront, j'espere, de quoi s'instruire à fond sur toutes les maladies qui peuvent attaquer les dents, avec la maniere d'y remédier.

Pour terminer, je dis que de l'attention que l'on aura à la régénération des dents dépend la bonne dentition pour toute la vie ; qu'il ne faut jamais laisser des dents de lait gâtées, ſous quelque prétexte que ce ſoit, aux enfants, parce qu'elles peuvent communiquer leur carie aux dents de régénération, & qu'il ne faut avoir aucune foibleſſe pour les larmes des enfants, lorſqu'il s'agit de l'extraction néceſſaire de quelques dents de lait; & qu'enfin la véritable ſcience des parents conſiſte dans le choix qu'ils feront de l'Artiſte entre les mains duquel ils mettront leurs enfants, lequel doit être très-expérimenté & honnête-homme.

RECETTES

D'Opiat, Poudre, Elixir, Lotions, Gargarismes, &c. pour les Dents.

J'AI promis, dans le corps de cet ouvrage, de donner quelques recettes sûres & utiles pour la conservation des dents, tant d'Opiat, Poudre, Lotions, Gargarismes que d'Elixir; je tiens parole, & j'avertis que je n'aventurerai aucune recette que je ne l'ai bien éprouvée, & dont je ne sois certain des bons effets.

Après le soin journalier que j'ai enseigné à la page 21, où j'ai recommandé de se rincer la bouche, après s'être servi du cure-dent, J'ai éprouvé que le vin blanc éventé, à la dose d'une cuillerée à bouche dans environ huit d'eau dégourdie en hiver, & telle qu'elle est en été, après avoir passé la nuit dans la chambre, est ce que l'on peut prendre de mieux pour se tenir les dents nettes & les gencives en bon état.

Façon d'éventer le Vin.

Prenez une bouteille de vin blanc sec, ordinaire, mettez le dans un pot de faïance que vous couvrirez d'un papier ; vous le ficelerez, afin d'empêcher la poussiere, les mouches ou autres insectes de tomber dedans ; faites seulement quelques trous avec une épingle au papier, & l'exposez sur une fenêtre à l'air, pendant quelques jours, ensuite vous le remettrez dans une bouteille que vous boucherez pour vous en servir tous les matins, ainsi que je l'ai dit.

Je conseille le vin blanc sec, parce qu'il est moins chargé de tartre que le rouge ; je dis éventé, parce que par l'évaporation il se fait une dissolution de la partie la plus subtile du tartre, ainsi que de la plus saline, laquelle s'étend, lorsque par l'évaporation elle a eu le dessus des esprits sulfureux qui la tenoient comme enveloppée, & qu'il reste encore assez d'esprit dans le phlegme pour raffermir & donner du ton aux fibrilles qui composent le tissu des gencives, & aussi de les nettoyer de l'humeur musqueuse & sebacée qui se sera attachée la nuit sur les dents, sur la langue, & les gencives.

Si les gencives sont sujettes à s'engorger, ou qu'elles soient détachées du collet des dents, sans que ces accidents soient occasionés par l'accumulation du tartre sur les dents & sous les gencives, il faudra composer un peu plus ce vin, en y ajoutant dans la pinte, un gros d'alun calciné, réduit en poudre, deux gros d'iris de Florence concassé avec quinze grains de myrrhe en larmes, que l'on mettra aussi en poudre; on fera bouillir le tout, quelques instants, on y ajoutera deux cuillerées à bouche, de bon miel blanc; lorsque la liqueur sera froide, on mettra le tout dans une bouteille pour s'en servir tous les matins & les soirs, avec de l'eau, ainsi qu'il a été dit ci-dessus.

Nota que laissant la liqueur sur le marc, elle se conserve mieux, & se bonifie; il faut seulement, lorsqu'on veut s'en servir, prendre la bouteille fort doucement, & verser par inclination, afin de ne la point troubler, ce qu'il en faut dans un verre, & mettre l'eau pardessus.

Ce vin est très-bon pour déterger, dégorger & purifier les gencives, les rendre saines, leur redonner ou conserver leur ton, & faire rattacher au collet des dents les fibrilles relâchées, à moins que quelques corps étrangers ne se soient insinués entre elles & les dents, auquel cas, il faut nécessairement recourir au Dentiste pour l'enlever promptement & exactement.

On peut se servir de l'un de ces vins, simple ou composé, pur, avec une petite éponge ou du coton, après s'etre rincé la bouche à l'ordinaire.

RECETTE d'un Elixir, propre à conserver les dents saines, & maintenir les gencives en bon état, même pour corriger la mauvaise odeur de la bouche, pourvu qu'elle ne vienne pas de l'estomac.

PRENEZ un citron que vous couperez en tranches;
Demi-once de sauge de Provence;
Deux gros de pyrethre concassée;
Un gros de sel ammoniac;
Un gros de crême de tartre;
Un gros de gomme-laque en grains;
Un gros de baume du Perou en coque;
Deux gros d'excellente cannelle;
Un gros de girofle;
Demi-gros de myrrhe en larmes;
Dix grains de camphre;
Une bonne poignée de feuilles de cochléaria;
Quatre onces de bon miel.

On mettra le tout dans un pot de faïance bien propre, qui soit un tiers plus grand qu'il ne faut pour contenir les liqueurs & les drogues : mettez pardessus une pinte de bonne eau-de-vie, avec autant de vin d'Espagne & le quart d'une pinte d'eau d'arquebusade ; bouchez bien exactement le pot, collez même du papier autour du couvercle, afin que rien ne s'évapore ; vous mettrez ensuite ce pot sur des cendres chaudes, pendant huit jours en infusion, ayant soin de le remuer trois ou quatre fois le jour, sur-tout ne le point déboucher qu'il ne soit tout-à-fait refroidi ; ensuite vous passerez la liqueur à travers un tamis & la mettrez dans une bouteille de verre bien nette, bien égouttée, le plutôt possible, afin qu'elle ne s'évente pas, la bien boucher, la laisser reposer huit jours avant que de s'en servir, ensuite en mettre dans un flacon de toilette pour l'usage de tous les jours.

Cet élixir est souverain pour arrêter les progrès de la carie molle & pourrissante : pour cet effet, on imbibera un peu de coton qu'on introduira dans la cavité de la dent sans discontinuer ; on changera le coton une ou deux fois par jour.

Il calme aussi les vives douleurs des

dents, en introduisant de même du coton imbibé d'élixir qu'on fera bien chauffer dans une cuiller d'argent, afin qu'il soit plus pénétrant; on tamponnera bien la cavité de la dent cariée, & on réitérera plusieurs fois.

Lorsque les gencives sont attaquées d'affections scorbutiques, il faut se gargariser plusieurs fois par jour, avec une petite cuiller à café d'élixir tiede : & imbiber de petites tentes de charpie fine qu'on posera sur les gencives malades; il faut y en tenir le plus long-temps possible & renouveller au moins quatre fois par jour; par-là on accélérera la guérison.

On peut se servir de cet élixir, sans dangers, tous les jours le matin, pour se rincer la bouche; il faut en mettre une cuiller à café pleine dans dix d'eau ordinaire; & même après s'être rincé la bouche, on fera très-bien d'imbiber une petite éponge d'élixir tout pur, laquelle on passera sur toutes les dents & sur les gencives, ainsi que je l'ai enseigné plus haut.

On peut arrêter le progrès de la carie aux dents en prenant de l'esprit-de-vin le plus rectifié, imbiber un peu de coton & l'introduire dans la cavité de la dent; on parvient avec le temps, à crisper le nerf.

& à détourner l'humeur, ainsi qu'à arrêter la douleur, mais il faut être constant & ne pas changer de remede à tous propos.

La gomme *Tacamahaca*, en françois, *Tacamaque*, & l'opium mis par égales parties sur une mouche de velours grande comme une piece de vingt-quatre sous, appliquée sur l'artere temporale du côté de la douleur, parvient à la calmer en peu de temps, ces médicaments étant repercussifs & calmants.

L'huile pesante de gayac, mise avec du coton dans la carie d'une dent, ensuite appliquer pardessus le bouton de feu, calme sur le champ la douleur; mais elle fait quelquefois éclater la dent : cette huile pue beaucoup.

L'huile essentielle de girofle, employée de la même maniere, fait à-peu-près le même effet, & ne casse point les dents; elle est moins pénétrante.

La véritable huile de cannelle, est plus pénétrante que les deux autres; néanmoins elle n'agit pas aussi promptement; elle s'emploie bien de la même façon, mais il faut plus de précaution pour s'en servir, il est même nécessaire que ce soit une personne de l'Art qui l'administre; car en la laissant toucher aux bonnes dents, elle peut les corroder.

J'ai aussi promis quelques recettes de Poudres & d'Opiats, qui, en tenant les dents nettes, ne soient point préjudiciables à l'émail : je prie ceux qui se serviront de celles que je vais donner, de considérer; que les opiats ni les poudres ne peuvent avoir aucune vertu, à moins qu'il n'y entre quelques absorbants, comme les coraux, les terres calcaires, ou autres ingrédiens friables; or tout ce qui absorbe détruit; ainsi on doit, pour ne point être la dupe d'aucun dentifrice, ne s'en servir que rarement & dans le besoin réel, non avec l'intention de blanchir l'émail des dents contre nature. Car, une vérité constante, c'est qu'on ne change point la couleur naturelle de l'émail de mal en bien, mais qu'au contraire, à certain âge, il se brunit, devient un peu roux, plus tendre, par la raison de l'ossification des couloirs, l'empêchement que la nourriture a de parvenir jusqu'aux extrêmités, enfin par la raison que tout a son terme. Je répete qu'il n'y a que les trompeurs, les charlatans qui promettent des remedes pour blanchir l'émail des dents; j'entends le naturel, le tempérament de l'émail, lequel a puisé sa qualité dans la nature des sucs nourriciers primordiaux. Mais lorsque les dents ſont jaunes, noires, ouvertes par la qualité du tartre qui les recouvre, on peut aiſément leur rendre leur propre couleur en les dégageant des corps étrangers qui ne font que leur être nuiſibles & préjudiciables; c'eſt alors l'ouvrage du Dentiſte, qui, s'il eſt honnête-homme, n'emploiera que l'inſtrument & jamais aucunes liqueurs ni drogues corroſives.

Si vous voulez agir prudemment, ſoyez pour vos dents, comme pour tout ce qui regarde votre ſanté dans tous les temps de la vie, un peu votre médecin vous-même: examinez, éprouvez combien de fois chaque mois vos dents ont beſoin que vous employiez les grands ſoins pour les maintenir propres & en bon état; car pour les ſoins journaliers, ils ſont de tout âge, comme de tout état & de toute néceſſité.

Recette d'une Poudre dentifrice.

Prenez une livre de coquilles d'œufs que vous ferez laver dans pluſieurs eaux, enſuite les ferez bien ſécher; vous en ôterez, le plus qu'il ſera poſſible, toutes les pellicules qui y ſont intérieurement attachées; vous les ferez piler avec deux onces de crême de tartre, & lorſqu'elles ſeront réduites en poudre aſſez fine pour paſſer à travers un tamis de ſoie; vous les ferez broyer ſur un marbre, en humectant cette poudre avec moitié eau commune & moitié eau-de-vie, ou eau de lavande; lorſque ces drogues ſeront réduites auſſi fines que les couleurs en miniatures, vous en ferez des trochiſques que vous ferez ſécher ſur du papier gris, & à l'ombre, évitant qu'il ne puiſſe tomber de la pouſſiere deſſus: lorſqu'ils ſeront bien ſecs, vous les ôterez de deſſus le papier pour les renfermer dans une boîte doublée de papier blanc, pour vous en ſervir au beſoin.

Lorſqu'on en voudra faire uſage, on prendra une douzaine ou deux de ces trochiſques, ſuivant leur groſſeur, on les pilera dans un mortier de pierre ou de marbre, bien propre; & lorſqu'ils ſeront derechef réduits en poudre, on les paſſera à travers un tamis de ſoie, & on les mettra dans une petite boîte de toilette pour ſe nettoyer les dents ſelon la néceſſité.

Pour cet effet, on mettra tremper le bout d'une racine dans l'eau que vous aurez apprêtée pour vous laver la bouche, enſuite vous tremperez le bout de la racine humectée dans la poudre, vous en frotterez toutes les dents les unes après les autres, ainsi que je l'ai enseigné, puis vous rincerez la bouche à l'ordinaire.

Si on veut donner un peu de parfum à cette poudre, on pourra y ajouter deux gros de cannelle & un gros de girofle, lorsqu'on commencera à piler les drogues la premiere fois.

AUTRE Recette de Poudre.

PRENEZ huit onces de coquilles d'huitres, de celles de dessous, faites les bien calciner;

Deux onces d'iris de Florence odorante;

Une once de pyrethre;

Deux gros de sang de dragon en larme;

Deux gros de myrrhe aussi en larme;

Deux gros d'alun de roche calciné;

Deux gros de cannelle;

Un gros de clous de girofle.

Faites piler toutes ces drogues ensemble en poudre assez fine pour les passer dans un tamis de soie, fin & serré; mettez cette poudre dans une boîte doublée de papier blanc pour vous en servir suivant la nécessité, & de la même maniere que la premiere.

FORMULE d'Opiat pour les Dents.

PRENEZ demi-livre d'os de seche, dont vous ôterez la coque.
Quatre onces d'iris de Florence;
Deux onces de bol d'Arménie;
Demi-once once de pyrethre.
Demi-once de gomme-laque en grains.

Faites mettre ces drogues en poudre, & les faites passer au tamis de soie fin.

Ensuite vous les incorporerez dans suffisante quantité de bon miel blanc que vous ferez écumer sur le feu auparavant. Vous aurez soin que le vase dans lequel vous mettrez le tout soit assez grand, pour souffrir la fermentation qui est au moins de moitié. Il faut avoir soin de remuer l'opiat deux ou trois fois par jour, jusqu'à ce que la fermentation ait tout-à-fait cessé; ensuite on y ajoutera deux gros de cannelle & un gros de girofle, mis en poudre très fine, & passés au tamis de soie fin, qu'on incorporera dans l'opiat ci-dessus avec une once de sirop de kermès, remuer bien le tout; & lorsqu'il n'y a plus aucune fermentation, mettre le tout dans un pot qu'on couvrira bien exactement; en remplir seulement un petit pot de toilette, pour s'en servir, avec une racine, pour se nettoyer les dents au besoin. Si l'opiat durcit trop, il faudra l'humecter avec de l'eau-de-vie de lavande, ou de l'eau-de-vie simple, ou encore y remettre du miel dont on aura fait un sirop. De cette maniere il se conservera autant de temps que l'on voudra; mais le meilleur est de n'en faire que la quantité dont on prévoit avoir besoin pour une année.

Autre Opiat Anti-Scorbutique.

Prenez talc de Mont-Martre, demi-livre calciné.
Myrrhe en larmes deux gros.
Pyrethre demi-once.
Graine de moutarde deux onces.
Crême de tartre demi-once.
Feuilles de myrthe seches.
Cannelle & girofle demi-once de chaque.

Faire piler le tout; passer au tamis de soie fin, ensuite incorporer ces drogues dans suffisante quantité de miel blanc avec une once de sirop de kermès, & suivre le même procédé que pour celui ci-dessus.

Lorsque la fermentation est finie, y ajouter une demi-once d'esprit-ardent de cochléaria, pour s'en servir au besoin.

FAÇON de préparer les Racines & les Eponges.

PRENEZ des cannes de jonc d'Hollande, qui servent à faire des chaises ou fauteuils de cannes, & se vendent chez les épiciers : vous les choisirez de la grosseur que vous voudrez, mais il faut qu'elles soient bien blanches, & point piquetées de noir ; ensuite vous les couperez de la longueur que vous jugerez à propos.

Vous les mettrez ensuite tremper dans un vase plein d'eau & les changerez une fois par jour trois, ou quatre fois, vous gratterez avec un couteau toute l'écorce qui semble un vernis, puis avec un marteau vous battrez les deux bouts sur quelque chose de solide jusqu'à ce que vous les voyiez suffisamment effilés, & suffisamment fins ; vous les ferez sécher en les mettant debout & à l'ombre, ensuite les battrez encore à sec légérement. Si elles ne sont pas unies en dessus, vous les gratterez avec un morceau de verre de vitre, & égaliserez les bouts effilés avec des ciseaux : ces barbes ou effilures doivent avoir trois ou quatre lignes de long ; il faut qu'elles ſoient bien douces & fort fines.

La couleur que l'on y donne ordinairement avec le bois de fernanbour & l'alun, n'y eſt d'aucune utilité.

A l'égard des éponges, leur préparation eſt des plus ſimples; il ne faut que choiſir une éponge bien fine, bien douce, la laver pluſieurs fois dans l'eau tiede; la bien nettoyer de tous les graviers & petits coquillages qui ſe trouvent dedans; à la derniere eau, jeter quelques gouttes d'eau de ſenteur quelconque, la faire ſécher, enſuite l'envelopper dans un papier, pour s'en ſervir au beſoin.

Comme l'éponge par ſa nature eſt ſujette à conſerver une odeur marécageuſe, & qu'après s'en être ſervi quelque temps elle prend un goût déſagréable, même puant, il faut néceſſairement en changer : c'eſt ce qui me fait conſeiller de prendre une éponge un peu groſſe, parce que l'on en coupe de petits morceaux à meſure de beſoin, & qu'il ne faut pas plus d'embarras pour nettoyer une éponge groſſe comme le poing, qu'une groſſe comme un œuf.

FIN.

www.ingramcontent.com/pod-product-compliance
Ingram Content Group UK Ltd.
Pitfield, Milton Keynes, MK11 3LW, UK
UKHW020303220726
13923UKWH00002B/999